MÉMOIRE

SUR LES

CAUSES DE LA COLORATION

DES

ŒUFS DES OISEAUX

ET DES

PARTIES ORGANIQUES VÉGÉTALES ET ANIMALES

PAR LE

Docteur Joseph-Émile CORNAY

PARIS

LABÉ, LIBRAIRE DE LA FACULTÉ DE MÉDECINE

PLACE DE L'ÉCOLE DE MÉDECINE, 4.

1ᵉʳ MAI 1860

S

MÉMOIRE

SUR LES

CAUSES DE LA COLORATION

DES

ŒUFS DES OISEAUX

ET DES

PARTIES ORGANIQUES VÉGÉTALES ET ANIMALES

PAR LE

Docteur Joseph-Émile CORNAY

PARIS

LABÉ, LIBRAIRE DE LA FACULTÉ DE MÉDECINE

PLACE DE L'ÉCOLE DE MÉDECINE, 4.

1ᵉʳ MAI 1860

HOMMAGE AMICAL

à

Monsieur FLOURENS

SECRÉTAIRE PERPÉTUEL DE L'ACADÉMIE DES SCIENCES.

Paris, le 27 avril 1860.

Très cher et très savant Professeur,

A vous, qui avez eu la bienveillance désintéressée de m'encourager dès mes premiers essais scientifiques, il y a bientôt vingt ans, parce que disiez-vous, avec trop de bonté, vous voyiez dans mes ouvrages quelque chose de philosophique, et de continuer vos encouragements, je dédie aujourd'hui, par reconnaissance, ce Mémoire sur les causes de la coloration des œufs des oiseaux et des parties organiques animales et végétales.

Je me ferai un plaisir de reproduire en tête de mon travail votre bonne acceptation.

Agréez mes civilités respectueuses,

JOSEPH-ÉMILE CORNAY.

Mon cher Monsieur CORNAY,

J'accepte avec un grand plaisir la dédicace de votre nouveau travail que je regrette de ne point connaître ou du moins de ne pas me rappeler assez, car je me serais plu à le caractériser. Vous connaissez l'estime que m'ont inspirée plusieurs de vos ingénieux écrits, et particulièrement vos excellentes recherches sur les rapports de l'ostéologie de la tête des oiseaux avec leur classification; vous portez dans l'étude fine et sagace de la nature une ardeur et une persévérance qui ne peuvent manquer de vous mener loin.

Recevez, mon cher Monsieur CORNAY, la nouvelle expression de mes sentiments les plus distingués,

FLOURENS.

Le 29 avril 1860.

MÉMOIRE

SUR LES

CAUSES DE LA COLORATION

DES

ŒUFS DES OISEAUX

ET DES

PARTIES ORGANIQUES ANIMALES ET VÉGÉTALES

ALTÉRATION DU SANG DANS LES CAPILLAIRES PULMONAIRES :
" Nous avons bien déjà quelques données sur les causes de ce
" phénomène ; mais je crois qu'avant de proposer une explica-
" tion solide, de nouvelles expériences ont besoin d'être faites.
" Cela est d'autant plus nécessaire que si on savait bien com-
" ment le sang noir devient rouge, il paraît qu'on saurait par
" là même comment le sang rouge devient noir. "

(Bichat, *Anatomie générale* t. 2, p. 546.)

Dans nos réflexions sur le traité d'Oologie ornithologique de
M. Des Murs, nos observations principales d'Oologie ont été détail-
lées. Nous avons donné le moyen d'obtenir facilement les trois
diamètres mathématiques de l'œuf, qui constituent le *caractère
oogéométrique*, que nous avons spécialement établi pour servir de
terme positif de comparaison entre les différents œufs des oiseaux,
à l'effet de concourir à leur détermination, conjointement avec les
caractères tirés de la forme, de la couleur et de la contexture de la
coquille que M. Des Murs a si bien su définir et appliquer à la
classification.

Nous avons caractérisé du nom d'*oozoone* le contenu vivant de
l'œuf pondu.

Nous avons dit : que la cause accidentelle (1) était la source des
monstruosités en général, et de celles de l'œuf en particulier.

(1) Voyez la forme anormale (*Morphologie*, pages 7, 8 et 9 ; J. E. Cornay, 1850
et *Principes de Morphogénie*, J.-E. Cornay, 1855).

Que les monstruosités reposaient dans quelques cas sur ce principe que tout ovule fécondé, ou *zoomorphe,* avait la propriété de
se greffer sur un autre déjà greffé et de suivre à ses dépens une
vie parasitique.

Que la membrane ovarienne, qui retient l'œuf attaché à l'ovaire
pendant sa genèse, secrétait elle-même la pâte calcaire, le gluten,
de cette pâte, quelquefois coloré, et le gluten plus ou moins coloré
et tacheté de la couche externe de la coquille, lorsque cette couche
existe.

Nous avons expliqué le pourquoi de la sphéricité de la coquille,
de son état calcaire et de sa coloration.

Au reste, on pourra lire plus tard dans la *Revue zoologique,*
notre examen du livre d'Oologie de M. Des Murs, et l'on y trouvera
les explications suffisamment éclaircies de ces faits que nous men-
tionnons ici pour les faire connaître aux physiologistes. Occupons-
nous donc de la matière colorante organique.

Quant à la source de la matière de la couleur de l'œuf des oiseaux, que personne n'a encore indiquée, nous voyons son siége
dans la même matière jaune qui s'écoule par les pores biliaires ;
secrétée dans ce que l'on nomme les grains glanduleux du foie, cette
matière jaune y est reprise par les veines hépatiques qui la portent
dans le torrent circulatoire. Pour nous, c'est le travail du foie qui
élabore, animalise et transforme les principes tinctoriaux végétaux,
préparés par la digestion stomacale, en cette matière colorante
jaune qui se modifie et se teinte suivant les espèces (1). Le tissu
capillaire du foie, où se passe l'action modificatrice de la matière colorante et de certains principes du sang en bile, est formé
par les anastomoses cellulaires des ramuscules : 1° de la veine Porte
qui joue le rôle d'artère et dont quelques branches viennent direc-
tement de l'estomac ; 2° des artères hépatiques propres ; 3° de
vaisseaux absorbants ; 4° des veines hépatiques qui versent le sang
dans la veine cave inférieure. Le tissu capillaire du foie qui, par

---

(1) Lisez les pages 74 et 75 de nos *Principes d'Adénisation* pour connaître les
usages de la bile de la vésicule, qui empêche la putréfaction des excréments dans
les intestins.

sa déchirure semble avoir l'apparence de grains glanduleux, enve-
loppe, quoi qu'il en soit, les innombrables follicules sécréteurs ou
pores biliaires, qui sont les points de départ des racines canaliculées
aussi nombreuses des rameaux du conduit hépatique de la bile.
C'est dans les petites cavités de ces pores biliaires que les vaisseaux exhalants qui leur sont propres, partant du tissu capillaire
du foie, amènent sous forme de bile le produit surabondant ou
excrémentitiel du travail chimico-vital qui se fait au milieu du tissu
capillaire du foie dans le serum du sang qui y passe ; c'est aussi
dans ce tissu capillaire que les extrémités des veines hépatiques
reprennent une partie de la matière colorante, modifiée en jaune
par le nouvel arrangement de ses principes constituants. Ce n'est
donc qu'une matière colorante jaune, et non la bile elle-même qui
colore le serum du sang dans l'ictère, c'est ce que l'analyse chimique nous a démontré. Mais cette matière jaune est bien la même
que celle du liquide excrété, nommé bile, et c'est encore l'ictère
seul qui nous démontre le passage certain de la matière jaune,
formée dans le tissu capillaire du foie, dans la circulation par les
veines hépatiques(1). Cette matière colorante jaune ne peut venir
d'autre part, pas même de la vésicule biliaire, car la bile cystique
ne pourrait passer que par les absorbants intestinaux ou hépatiques et le canal thoracique, ce qui n'arrive jamais. Le seul emploi
de la bile dans l'intestin, déterminé dans nos *Principes d'Adénisation,* étant de préserver, dans l'état de santé, par son imputresci-
bilité, le chyle et les excréments, de la fermentation putride pendant leur séjour et leur trajet dans le canal intestinal, ce qui était
tout-à-fait ignoré.

Nous donnons alors le nom d'hépatisme au fait de coloration chro-
matique des œufs et des parties organiques des animaux supérieurs,
et celui de colorisme à ce même fait chez les plantes et les espèces
animales qui manquent de grains glanduleux hépatiques, parce que

(1) Le chyle arrive dans l'oreillette droite du cœur, par la veine cave supérieure,
en même temps que la matière colorante jaune hépatique s'y verse par la veine
cave inférieure. Chez le fœtus, le trou de Botal est destiné à laisser passer une
partie de la matière colorante jaune hépatique dans l'oreillette gauche du cœur. —
J.-E. Cornay.

le foie pour les premiers leur fournit, par la matière colorante hépatique qui, modifiée dans le globule du sang et les divers organes, passe du jaune au vert, au bleu, au violet et au rouge, plus ou moins foncés, les diverses couleurs locales, d'après la nature des animaux et celle des organes, sous l'action des principes chimiques des liquides qui y émulsionnent cette matière colorante. Le colorisme est produit, chez les animaux inférieurs et les végétaux, par l'action chimico-vitale seule, sur la matière colorante absorbée avec la nourriture et émulsionnée dans les liquides.

Étudions donc la coquille colorée des œufs, et fournissons les preuves de ce que nous avançons (1) :

Le test ou coquille des œufs est composé, d'après Vauquelin, de carbonate de chaux, d'un peu de carbonate de magnésie, de phosphate de chaux, d'oxyde de fer, de soufre et de matière animale servant de gluten ; la membrane interne de la coquille est formée, suivant le même chimiste, d'une substance albumineuse, soluble dans les alcalis, et d'un atome de soufre. Ceci posé :

Nous avons fait séjourner à froid des coquilles d'œuf bleues et grises dans des solutions concentrées et faibles de potasse, et aucun phénomène d'altération ne s'est développé. Ni la pâte calcaire, ni le gluten, ni la couleur, n'ont été attaqués ; une fois séchées, les coquilles étaient aussi intactes que l'échantillon conservé ; l'ammoniaque liquide n'a aussi rien produit, ce qui prouve que les acides, qui fixent la chaux de la coquille, ont plus d'affinité pour elle que pour la potasse et l'ammoniaque de l'expérience, et que les alcalis ne dissolvent pas à froid le gluten des œufs.

Mais en plaçant des coquilles colorées dans des acides, même étendus d'eau distillée ou non, on voit que l'acide de l'expérience s'empare de la chaux des coquilles avec dégagement de l'acide carbonique qui la fixait. Le vinaigre ou l'acide sulfurique affaibli donnent un acétate ou un sulfate de chaux qui se précipite au fond du vase avec une portion de gluten coloré qui forme une couche supérieure au sulfate de chaux précipité ; l'autre portion de gluten

---

(1) Cette étude remonte à 1845-46 ; avant de faire ce mémoire, nous l'avons entièrement recommencée et nous avons renouvelé les expériences.

coloré reste à la surface de la coquille, sous l'apparence d'une pellicule plus ou moins épaisse, ridée, molle et incomplète (1).

Si, lorsque la coquille est encore assez épaisse, après l'action de l'acide, on la fait sécher, et qu'étant sèche, on la soumette à l'action de la potasse, la couleur s'y délaie ainsi que le gluten comme la couleur d'aquarelle dans l'eau.

Les acides, le vinaigre même, peuvent dissoudre toute la coquille des œufs, les alcalis n'ont point d'action sur elle.

Si on emploie le vinaigre, par exemple, qui est l'acide le plus commode à manier pour les ornithologistes; une fois la coquille dissoute, le mucus ou gluten coloré se trouve appliqué sur la membrane interne de la coquille; lorsque cette membrane est demeurée adhérente, car l'acide la sépare quelquefois.

La coquille soumise à l'action peu prolongée des acides d'abord, et des alcalis ensuite, se sépare, dans quelques circonstances, en plusieurs couches par la dessiccation à l'air : 1° la couche externe mucoso-colorée, qui va, comme dans l'œuf de Cresserelle, jusqu'à l'apparence membraniforme, se soulève par place en petites vésicules incolores, sous l'action du vinaigre, et laisse voir des grains et des filets de matière colorante qui se dissolvent, et c'est précisément les taches qui entrent d'abord en dissolution, comme offrant, sans doute, plus de prise à l'acide, et dont la partie glutineuse se soulève en petites ampoules; 2° puis viennent plusieurs couches calcaires, superposées et blanches, comme dans l'œuf de Cresserelle, ou une seule couche légèrement azurée, comme dans l'œuf, café au lait, de Perdrix.

Ces différentes couches calcaires blanches et colorées et mucoso-colorées et tachetées, sont la preuve de mouvements alternatifs et successifs de la sécrétion de la membrane ovarienne.

Après immersion dans un acide affaibli, on peut rendre un œuf de Cresserelle *blanc pur*, et un œuf café de Perdrix *blanc légèrement azuré*, en enlevant par un lavage d'une eau potassée tout le gluten coloré de la couche superficielle de la coquille; au reste ce sont les tons naturels de leur pâte calcaire respective.

(1) Il est nécessaire d'avoir des instruments d'optique pour faire ces expériences.

La matière colorante des coquilles et le mucus glutineux auquel elle est unie, forment ensemble la couche externe organique des coquilles ; cette couche n'existe pas dans tous les œufs.

Les acides n'altèrent pas les couleurs des œufs, ils semblent n'avoir d'action que sur le carbonate calcaire et sur le gluten coloré qu'ils ramollissent et qu'ils dissolvent.

Les alcalis qui, avant la dissolution et le ramollissement de la couche mucoso-colorée, n'altéraient point la matière colorante, aussitôt que l'acide a fait son office, la potasse, par exemple, délaie et change la couleur café au lait de l'œuf de Perdrix, en une couleur de chocolat au lait d'une teinte très légère, etc.

Le chlorure de chaux, qui n'agissait point sur les coquilles colorées à l'état ordinaire et sec, les décolore et les dissout complétement lorsqu'elles ont passé par le ramollissement de l'acide. Il les décolore immédiatement, quant à la couche mucoso-colorée superficielle, mais pour la pâte calcaire colorée, sa couleur propre ne disparaît qu'au fur et à mesure de sa destruction comme coquille de carbonate calcaire.

Le chlorure de chaux blanchit la couleur la plus intense des œufs colorés. La membrane interne albumineuse de la coquille, soumise au chlorure, devient jaune, puis blanche, puis se trouve dissoute complétement. Le chlore agit sur les couleurs des œufs comme sur la bile des animaux, en les blanchissant après les avoir jaunies.

Les alcalis changent donc le ton de la couleur des œufs, une fois que le mucus est ramolli par un acide.

Ces expériences démontrent que les couleurs des œufs sont organiques et non minérales comme on l'a cru jusqu'à présent. Elles se dissolvent avec leur mucus, dans des liquides appropriés, comme les couleurs végétales, au miel ou à la gomme, des peintres, se dissolvent dans l'eau.

Au microscope, grossissant 300 fois, les couleurs des coquilles colorées ne laissent voir qu'une teinte uniforme, sans granules, étendue dans le mucus dissous, lequel fait flotter et retient encore des parties de mucus non dissous, affectant des formes peu fixes de granules.

Il est probable, que pendant son action sur le carbonate de la coquille, l'acide de l'expérience, s'empare aussi de la petite quantité de soude, qui existe dans le mucus de la couche superficielle, et de la pâte calcaire, c'est ce qui fait sans doute que le mucus se dissout.

Les coquilles colorées, chauffées dans un creuset, perdent leur couleur en arrivant au rouge-brun, puis peu à peu jusqu'au rouge-cerise, le gluten et la membrane interne de la coquille se boursoufflent en charbon noir et luisant, et brûlent à la manière des substances organiques animales; il reste une terre calcaire blanche dans les couches supérieures et teintée en noir au fond du creuset, par du charbon de mucus interposé aux molécules calcaires.

L'huile ne paraît point dissoudre la matière colorante des œufs; mais cette couleur, imprégnée d'huile, se dissout avec elle dans l'ammoniaque et la potasse, ainsi que le mucus qui la gomme; toujours après avoir été soumis préalablement à l'action des acides acétique ou sulfurique.

Par l'ébullition prolongée, dans l'eau, des coquilles colorées à teintes plates et à teintes semées, on obtient, par ramollissement du mucus ou gluten, la séparation de la couche mucoso-colorée superficielle de la coquille, sans changement apparent de la couleur des teintes. Dans l'œuf gris café de Perdrix, cette couche superficielle se délaie sous le frottement du doigt; elle se sépare sous l'aspect membraniforme dans d'autres œufs; les taches de l'œuf de la Cresserelle résistent au frottement, quoique la coquille blanche, par elle-même, blanchisse un peu sous les frictions du doigt. Les œufs à teinte bleue vive que j'ai essayés, ainsi que la pâte calcaire colorée, résistent à l'ébullition prolongée.

Les teintes des coquilles colorées bouillies, résistent généralement à l'action de la potasse à froid, quelques-unes sont détruites par le chlorure de chaux, qui semble alors attaquer la pâte calcaire de quelques coquilles; il est donc évident que c'est la dessiccation du mucus qui empêche l'action des réactifs.

La benzine, l'éther, l'alcool, les acides, l'huile, n'altèrent point la couleur de la couche mucoso-colorée de la coquille, même lorsque son mucus a été soumis à un acide.

Après l'action d'un acide, la potasse, l'ammoniaque et les alcalis, le chlorure de chaux altèrent les couleurs des œufs que ce chlorure seul décolore complètement après les avoir jaunies.

La matière glutino-muqueuse, qui possède en elle-même en émulsion les mollécules essentielles de la matière colorante, forme une sorte de gomme, en se desséchant, qui unit entre elles les particules de carbonate calcaire de la coquille.

La matière glutineuse, la matière colorante et la pâte calcaire proviennent de la même secrétion simultanée et quelquefois alter-native de la membrane ovarienne.

Comme généralement les acides n'altèrent point la matière colorante des œufs, on serait porté à croire que c'est la petite quantité plus ou moins forte de soude libre et des sels, du mucus et des liquides qui tiennent en émulsion cette matière colorante, qui lui donne les tons des couleurs qui sont constituées chez les animaux : d'hydrogène, d'oxygène, de carbone et d'azote, en facilitant la formation, par exemple, de plus ou moins d'atómes de cyanite et de sulfite, etc., aux dépens de l'azote, du carbone et de l'oxygène de la matière colorante et du soufre, du mucus, etc.

La matière verte, renfermée dans les cellules végétales des feuilles, n'est point attaquée par les alcalis même concentrés.

Les acides faibles la décolorent à la longue. Alors les alcalis peuvent la ramener au vert, si l'opération est bien faite, en s'emparant de l'acide.

Le chlore la décolore en jaune, puis en blanc, en très peu de temps, en lui enlevant son hydrogène pour former de l'acide hydrochlorique. La couleur rouge du sang n'est point altérée par la potasse, même concentrée, qui cependant dissout le sang à l'état sec ou liquide.

Le sang n'est point décoloré par les acides acétique et sulfurique.

Le chlorure de chaux fait passer la couleur du sang au jaune, puis au brun, à cause du fer qu'il contient.

La bile n'est point altérée dans sa couleur par les alcalis qui la dissolvent.

Les acides en précipitent une matière muqueuse jaune.

Le chlore la décolore en s'emparant de l'hydrogène de la matière colorante qu'il fait passer par le bleu d'azur, le jaune brun et le blanc laiteux ; une matière blanche se dépose au fond du vase.

Ainsi, la couleur des œufs n'est point altérée par la potasse et les alcalis. Les acides la dissolvent avec le gluten qui la contient. Après l'action des acides, les alcalis dissolvent le gluten et changent la couleur de la couche superficielle des coquilles d'œufs.

Le chlore décolore les coquilles en totalité, en s'unissant à l'hydrogène de la matière colorante.

D'après ces expériences on voit : que c'est la cellulose, le mucus et les substances plus ou moins albumineuses ou fibrineuses qui émulsionnent, ou qui possèdent en elles la matière colorante, des végétaux, du sang, de la bile, ou des coquilles d'œufs, qui empêchent l'action des réactifs ;

Que les diverses matières colorantes se comportent avec ces réactifs à peu près de la même manière ; que s'il existe quelque différence dans les réactions, cela tient évidemment aux principes chimiques variables, suivant les espèces, qui se trouvent dans l'albumine, la fibrine, le mucus et le sérum, des organes ou des liquides, et la composition même des matières colorantes.

Quelle est donc la source, en dehors de l'organisme animal, de la matière colorante des parties organiques des animaux et de la coquille colorée de l'œuf des oiseaux en particulier ? Nous voyons que les principes, de la matière verte des végétaux qui subit, dans les plantes, l'action de tous les principes chimiques des liquides que la lumière et l'électricité vitale favorisent, et qui passe à tous les tons chromatiques ou gradués des couleurs, soit dans l'intérieur des plantes, soit dans les expériences de chimie végétale, sont les mêmes principes, mais non animalisés, de la matière colorante jaune hépatique et rouge du sang, etc.

Pour nous, l'organisme végétal est un laboratoire où se modifient naturellement les substances qui doivent servir aux animaux ; c'est chez les végétaux que se produisent toutes les transformations chimiques premières, que se montrent les premiers essais d'organisation des produits qui doivent servir à la constitution physique des animaux. Les animaux associent, assimilent les substances formées par les végétaux, continuent leurs transformations et complètent les faits d'organisation.

Voici donc la voie que suit la matière colorante pour passer du végétal à la fibre animale et au mucus coloré des coquilles, ainsi :

Généralement puisée sous sa forme verte par ingestion, dans l'estomac, des feuilles végétales, elle est décolorée par les acides lactique et acétique dans ce viscère, où les sucs gastrique et pancréatique la dissolvent et la mêlent au chyle, elle transverse le torrent circulatoire sans trouver aucun emploi, le sérum du sang la contient en dissolution et sans teinte, elle demeure inutile, dans les vaisseaux, tant que le foie, comme glande, ne l'a point appropriée à la vie animale, par cette sorte de synthèse quantitative, ce travail des capillaires qui pour résultat donne la teinte jaune à la matière colorante végétale. La bile, qui est azotée, contient aussi désormais la matière colorante des végétaux, qui a été pondérée, animalisée, c'est-à-dire azotée par le travail du foie et appropriée chimiquement au besoin des organismes de l'animal ; la matière jaune de la bile et du sérum est une preuve de sa présence dans ces liquides, comme sa digestion dans l'estomac est une preuve de son origine.

C'est donc la matière jaune hépatique qui, en passant dans le torrent circulatoire par les veines hépatiques, fournira, maintenant qu'elle constitue la matière colorante végétale animalisée, la couleur de tous les tissus, de tous les liquides, de toutes les productions organiques, suivant des tons ou des teintes coïncidant avec le mode chimique de ces tissus, de ces liquides, de ces productions organiques, c'est-à-dire suivant ses modifications dans des sécrétions nouvelles et les différents rapports des quantités chimiques de son hydrogène, de son oxygène, de son carbone et de son azote, auxquels elle sera assujettie dans les globules du sang, dans les cellules, dans les fibres, dans les membranes et les tissus, sans que le travail et la combustion pulmonaires n'y soient pour rien, car c'est le globule sanguin seul dans sa composition chimique et sa vie particulière qui sécrète et donne le ton à sa couleur rouge, la respiration ne fait que lui ôter sa couleur noire en lui enlevant un excès de carbone qu'il a puisé lui-même dans les organes ; de même les globules chyleux blancs rougissent aussitôt qu'ils passent dans la veine sous-clavière et qu'ils peuvent sécréter et teinter la matière colorante jaune hépatique qui leur est nécessaire, et qu'ils puisent dans les premiers vaisseaux sanguins qu'ils traversent au milieu du sérum qui la contient.

Ceci renverse la théorie généralement acceptée qui veut que le globule sanguin rougisse au poumon par l'action de l'oxygène de l'air respiré. Mais la nature, toujours admirable et généreuse dans ses exemples, donne plusieurs démentis à cette fausse théorie ; ainsi, chez les végétaux et les animaux inférieurs, les colorations se produisent, dans les systèmes capillaires et les cellules des membranes et des organes, par la seule action de l'électricité vitale et des principes chimiques qui leur donnent le ton de leurs couleurs respectives, sous l'influence de la chaleur et de la lumière.

Bien mieux, dans l'intérieur de l'œuf chez les oiseaux, dès les premiers vaisseaux formés par l'incubation, le phénomène de coloration du sang s'opère sans respiration pulmonaire aucune, évidemment par la seule transformation chimico-vitale en rouge de la matière colorante jaune, du jaune hépatique de l'œuf (1).

Aussi, plus de doute, la respiration n'est pour rien dans le phénomène de coloration des globules sanguins et des tissus organiques. Ce phénomène est purement local et appartient en toute propriété aux globules et aux organes qui assimilent la matière colorante avec les autres principes chimiques composants, principes chimiques qui modifient les quantités d'hydrogène, d'oxygène, de carbone et d'azote de la matière colorante hépatique, suivant les tissus qu'ils constituent et qu'elle doit colorer. Nous le répétons encore, c'est l'action électro-vitale, assimilant les principes chimiques formateurs de la totalité des organes, et ces principes chimiques entre eux et la matière colorante qui fournissent les tons des tissus. La matière colorante organique provient donc, à n'en plus douter, de la matière jaune azotée produite dans les capillaires du foie chez les animaux supérieurs. Le jaune d'œuf passé au chlorure de chaux est complètement décoloré, la matière colorante jaune est donc organique ; après l'action du chlore, le microscope laisse voir les globules ovoïdes, ordinairement jaunes à leur

(1) Le jaune, ou vitellus, est donc aussi le foie de l'œuf. — J.-E. Cornay.

intérieur, tout-à-fait incolores, transparents et flottant dans l'eau.

Les globules du sang, pas plus que les divers et nombreux tissus colorés organiques, ne produisent par eux-mêmes la matière colorante animale, ils ne font que la sécréter et la teinter. Certainement, dans les liquides, dans les globules, les cellules, les fibres, les membranes et les organes, ce sont les autres principes chimiques qui lui donnent le ton local, parce que chaque cellule, chaque série de fibres, chaque membrane, assimile suivant son type nerveux, électro-vital. Il en est de même, chez chaque oiseau, de la membrane ovarienne; cette membrane sécrète en même temps un gluten ou mucus, une pâte calcaire et un principe colorant appropriés à l'espèce, et les distribue dans la coquille, d'une manière continue ou alternative suivant le besoin.

Toutes les parties végétales ou animales colorées peuvent fournir plus ou moins de principe colorant au sérum des animaux, en passant par la digestion stomacale et le travail hépatique.

Personne ne connaissait avant nous, et les usages de la bile dans l'intestin et ceux de la matière colorante hépatique qui existe toujours dans le sérum du sang à l'état de santé; lorsqu'elle passe en trop grande abondance dans le sang, elle colore tous les tissus en jaune, elle produit alors la maladie que l'on appelle ictère; dans le sang, en grand excès, elle ne produit point d'accidents graves; tout le mal dans l'ictère est du côté du tissu capillaire du foie et des annexes qui sont irrités. Les membranes ne pouvant assimiler une si grande quantité de matière colorante, cette matière produit une sorte d'empoisonnement inoffensif, en répandant une teinte jaune générale.

C'est donc la petite quantité de matière jaune hépatique, passant habituellement dans le sang par les veines hépatiques, modifiée dans la sécrétion de la membrane ovarienne, membrane qui distribue uniformément ou par taches (1) la matière colorante préparée,

(1) Nous prions les ornithologistes d'examiner avec une forte loupe seulement, les taches de la teinte semée de l'œuf de la Cresserelle, après qu'il aura subi l'action de l'acide acétique ou sulfurique étendu et celle de la potasse; ils verront que les taches ne sont qu'une partie plus épaisse de la teinte plate probablement versée çà et là par les orifices des vaisseaux de la membrane ovarienne.

qui fournit la couleur au mucus de la pâte calcaire et au mucus de la couche externe de la coquille de l'œuf des oiseaux.

La nourriture, plus ou moins herbacée, féculente et animale, a une influence et une corrélation immédiate sur et avec la matière colorante hépatique des animaux et des oiseaux en particulier et la coloration des œufs, par l'absence ou la présence de cette quantité de principe colorant que, du reste, l'oiseau peut trouver partout dans ses aliments. Les oiseaux qui mangent de la verdure ont le jaune de leurs œufs plus rouge que ceux qui n'en prennent point et qui sont enfermés. Ces oiseaux ont aussi une bile plus foncée, plus chargée de matière verte, qui a pour propriété de se transformer en bleu, en violet, en rouge, par les principes chimiques; ils sont ornés de robes plus belles, et sont moins aptes à la lymphatification. L'expérience de M. Des Murs, chez le serin nourri de garance, dont les œufs sont ordinairement verdâtres, et qui durent à cette plante tinctoriale l'altération du ton ordinaire de leur couleur par une teinte légèrement laquée ou rosée, prouve suffisamment ce que nous avons expliqué plus haut; mais cette nourriture contre nature, produit aussi par son excès un phénomène analogue à l'ictère, cependant non semblable, puisque la matière rouge n'est point détruite dans la digestion; c'est un empoisonnement lent, car cette matière n'est point animalisée par le foie, ni transformée en totalité en matière colorante jaune dans les capillaires hépatiques. Il faut que les principes colorants soient animalisés, c'est-à-dire azotés et appropriés, pour qu'ils soient repris par le travail, des bulbes des poils, de la matrice des ongles et des plumes, par celui : du corps muqueux de la peau et des muqueuses, des globules, des cellules, des fibres, des membranes et des tissus. Nous pensons que les matières colorantes végétales qui n'ont point une composition convenable au tissu des animaux sont d'une difficile digestion et ne peuvent être assimilées. La garance n'est point digérée et assimilée puisqu'elle teint les os. La présence de la garance en nature dans les tissus, est un phénomène des plus importants, car elle prouve que les matières colorantes, digérées ou non, passent dans le sang. La décoloration de la matière verte des végétaux, dans l'estomac, annonce sa digestion avant de passer dans le sérum; elle est donc digérée, hépatisée et assimilée.

Pour les souillures superficielles non adhérentes des coquilles, elles se produisent par application des résidus de l'extrémité, de l'oviducte et du cloaque.

Au-dessous de la couche mucoso-colorée des coquilles, souvent la pâte calcaire elle-même est colorée, et elle est colorée dans le produit de l'excrétion simultanée et du tout qui la compose, car nous avons fait bouillir des œufs blancs dans des teintures, et nous ne les avons jamais vues pénétrer la coquille.

La couleur des œufs a aussi son utilité physique : les œufs qui sont exposés habituellement aux rayons solaires, ou qui se trouvent placés dans des nids profonds et très chauds sont généralement blancs ou peu teintés, afin de réfléchir la trop grande quantité de chaleur provenant de l'insolation ou de l'incubation qui pourrait nuire à l'embryon, et cela suivant la latitude de la région, tandis que ceux des pays froids, des forêts couvertes, des haies, des joncs, des roseaux, des herbes hautes et touffues, des rochers, ou ceux que la mère a l'habitude de laisser pendant un certain temps, pour recueillir au loin sa nourriture, sont pourvus, toujours suivant la latitude, d'une coloration en relation de ton avec le besoin de chaleur de l'embryon, afin d'absorber et de retenir le plus possible de cette chaleur nécessaire à son évolution fœtale.

Ainsi, dans le cours de ce mémoire, nous avons démontré que les matières colorantes, des végétaux, de la bile, du sang et des coquilles, etc., étaient décolorées par l'action du chlore, ce qui démontre qu'elles ne sont point métalliques et qu'elles sont au contraire organiques ;

Que la matière colorante du sang et des tissus provient de la digestion des matières colorantes vertes végétales, sorte d'hydrocarbures oxygénés, qui ne pouvant s'azoter par eux-mêmes dans le sang, ne s'animalisent que sous l'influence du travail des capillaires du foie ;

Que les différentes matières colorantes, autres que les matières rouge des globules et jaune du serum ne paraissent être que le résultat de l'action des réactifs chimiques sur les couleurs du sang

et du serum dans les expériences de laboratoire ; il en est de même
de la matière jaune de la bile que l'on fait passer sous l'action des
réactifs aux différentes colorations ;

Que chaque membrane ou chaque organe et les globules ont la
faculté d'approprier à leur nature la matière colorante jaune
hépatique ;

Que les matières colorantes des végétaux et celles des animaux
ingérés suivent une transformation régulière jusqu'à leur application aux tissus, comme tous les éléments nutritifs possibles ; que
la matière colorante des divers tissus n'a qu'une glande, le foie,
pour se préparer à l'emploi organique que le travail capillaire seul
lui donne le ton local dans les différents organes.

Ce mémoire, qui n'est qu'une ébauche d'une grande étude, qui ne
pourra se compléter dans ses nombreux détails qu'avec le temps,
a cet avantage de poser devant la science les principes de la question de coloration des parties organiques, et, c'est pour une bonne
part, sur le fait de coloration, que repose la connaissance des
races pures et des races domestiques, ainsi que celle de certains
phénomènes importants d'hygiène, d'assimilation et de composition.
organiques ; en voici seulement deux exemples :

On dit : que la peau du nègre est devenue noire par le brûlement
de la gélatine opéré par l'action du soleil sur le corps muqueux de
malpighi ; ne sachant pas sans doute : 1° que le brûlement de quoique ce soit par le soleil, ferait naître promptement des inflamma
tions et des suppurations ; 2° que le soleil ne peut agir et n'agit que
sur l'épiderme, partie excrétée et morte formant vernis sur le derme,.

Au lieu de dire : la peau du nègre est noire comme tous les tissus
sont colorés par action congénitale et interne organique, chimique
et électro-vitale, ou par nutrition et assimilation (1).

On dit aussi : le sang rougit au poumon par l'action de l'oxygène
de l'aïr, ce qui semble vrai,

Au lieu de dire : le sang perd au poumon, par l'action de l'oxygène,

----

(1) Dans l'état sauvage, la chaleur et la lumière solaires ne font que faciliter,
suivant les espèces, les combinaisons des principes chimiques internes de la
matière colorante, préexistants à leur influence, ce que démontrent les causes fixes
et les faits réguliers de transformation chez les animaux domestiques.

le carbone qui le noircit, ce qui est bien différent. Nous voyons bien maintenant que c'est le globule sanguin lui-même qui sécrète et donne la teinte à sa matière colorante.

Nous venons d'établir cette question de coloration des parties organiques sur des bases tellement précises, que nous doutons que l'on puisse jamais les détruire. Mais si l'on parvenait à nous démontrer que les différents faits, que nous avons vérifiés, sont entachés d'erreurs, nous nous trouverions encore très heureux, car nous apprendrions par d'autres les causes naturelles des innombrables colorations chromatiques des parties animales et végétales, qui ont toujours fait défaut aux *études sérieuses* de physiologie et de généagnosie.

JOSEPH-ÉMILE CORNAY.

Paris. — Imp. de Mme Smith, rue Fontaine-au-Roi, 18.